活力滿滿超級觀察繪本
動物捉

U0077005

人人出版

1 獅_ㄕ子_ㄗ雌_ㄘ性_{ㄒㄧㄥ}

2 獅_ㄕ子_ㄗ寶_{ㄅㄠ}寶_{ㄅㄠ}

3 獅_ㄕ子_ㄗ雄_{ㄒㄩㄥ}性_{ㄒㄧㄥ}

4 美ㄇㄟ洲ㄓㄡ獅ㄕ

5 獵ㄌㄧㄝ豹ㄅㄠ

6 獵ㄌㄧㄝ豹ㄅㄠ寶ㄅㄠ寶ㄅㄠ

7 老ㄌㄠ虎ㄏㄨ

5

9 截ㄐㄧㄝˊ尾ㄨㄟˇ貓ㄇㄠ

8 美ㄇㄟˇ洲ㄓㄡ豹ㄅㄠˋ

11 黑ㄏㄟ豹ㄅㄠˋ

10 花ㄏㄨㄚ豹ㄅㄠˋ

6

12 西ㄒㄧ表ㄅㄧㄠ山ㄕㄢ貓ㄇㄠ

13 長ㄔㄤ尾ㄨㄟ虎ㄏㄨ貓ㄇㄠ

14 獰ㄋㄧㄥ貓ㄇㄠ

15 歐ㄡ洲ㄓㄡ野ㄧㄝ貓ㄇㄠ

7

肉ᵣ食ᵣ性ᵢ動ᵣ物ᵣ

16 灰ᵣ熊ᵢ

17 亞ᵧ洲ᵣ黑ᵣ熊ᵢ

18 北ᵣ極ᵣ熊ᵢ

19 美ᵣ洲ᵣ黑ᵣ熊ᵢ

20 白鼻浣熊

21 眼鏡熊

22 馬來熊

23 日本棕熊

24 浣ㄏㄨㄢ熊ㄒㄩㄥ

25 小ㄒㄧㄠ爪ㄓㄠ水ㄕㄨㄟ獺ㄊㄚ

照片提供：日本鳥羽水

26 小ㄒㄧㄠ貓ㄇㄠ熊ㄒㄩㄥ

27 日ㄖ本ㄅㄣ狗ㄍㄡ獾ㄏㄨㄢ

28 日ㄖˋ本ㄅㄣˇ貂ㄉㄧㄠ

29 紫ㄗˇ貂ㄉㄧㄠ

30 白ㄅㄞˊ鼬ㄧㄡˋ冬ㄉㄨㄥ毛ㄇㄠˊ

31 白ㄅㄞˊ鼬ㄧㄡˋ夏ㄒㄧㄚˋ毛ㄇㄠˊ

32 大ㄉㄚˋ貓ㄇㄠ熊ㄒㄩㄥˊ

33 大ㄉㄚˋ食ㄕˊ蟻ㄧˇ獸ㄕㄡˋ

34 臭ㄔㄡˋ鼬ㄧㄡˋ

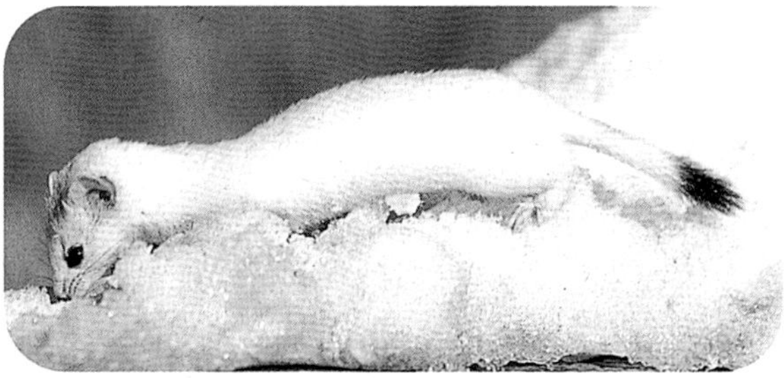

35 斑ケム點ケム鬣ケーゼ狗ケーヌ

36 貉ケーム

37 非ケーㄟ洲业ム野ーゼ犬ケーㄢ

38 北ケㄟ極业ム狼ㄌ

39 郊业ム狼ㄌ

40 條ェ幺紋ㄨ獴ㄇ

41 北ㄅㄟˇ海ㄏㄞˇ道ㄉㄠˋ赤ㄔˋ狐ㄏㄨˊ

42 狐ㄏㄨˊ獴ㄇㄥˊ

43 北ㄅㄟˇ海ㄏㄞˇ道ㄉㄠˋ赤ㄔˋ狐ㄏㄨˊ寶ㄅㄠˇ寶ㄅㄠˇ

44 黑ㄏㄟ背ㄅㄟˋ胡ㄏㄨˊ狼ㄌㄤˊ

45 印ㄧㄣˋ度ㄉㄨˋ象ㄒㄧㄤ

46 非ㄈㄟ洲ㄓㄡ象ㄒㄧㄤ

47 馬ㄇㄚˇ來ㄌㄞˊ貘ㄇㄛ寶ㄅㄠˇ寶ㄅㄠˇ

48 馬ㄇㄚˇ來ㄌㄞˊ貘ㄇㄛ

49 南ㄋㄢˊ美ㄇㄟˇ貘ㄇㄛ

50 馬ㄇㄚˇ賽ㄙㄞˋ長ㄔㄤˊ頸ㄐㄧㄥˇ鹿ㄌㄨˋ

51 歐ㄡ加ㄐㄧㄚ皮ㄆㄧˊ鹿ㄌㄨˋ

52 網ㄨㄤˇ紋ㄨㄣˊ長ㄔㄤˊ頸ㄐㄧㄥˇ鹿ㄌㄨˋ

53 純種馬

54 迷你馬

55 家驢

59 格利威斑馬

56 查普曼斑馬

60 格蘭特斑馬

57 美國微型馬

58 布洛奈馬

61 騾

62 白犀牛

63 河馬

64 蘇門答臘犀牛

65 黑犀牛

66 印度犀牛

67 家ㄐㄧㄚ 豬ㄓㄨ

68 疣ㄧㄡˊ 豬ㄓㄨ

69 野ㄧㄝˇ 豬ㄓㄨ

70 野ㄧㄝˇ 豬ㄓㄨ 寶ㄅㄠˇ寶ㄅㄠˇ

19

草ㄘㄠˇ食ㄕˊ性ㄒㄧㄥˋ動ㄉㄨㄥˋ物ㄨˋ

74 單ㄉㄢ峰ㄈㄥ駱ㄌㄨㄛˋ駝ㄊㄨㄛˊ

71 雙ㄕㄨㄤ峰ㄈㄥ駱ㄌㄨㄛˋ駝ㄊㄨㄛˊ

75 高ㄍㄠ角ㄐㄧㄠˇ羚ㄌㄧㄥˊ

72 山ㄕㄢ羚ㄌㄧㄥˊ

73 小ㄒㄧㄠˇ羊ㄧㄤˊ駝ㄊㄨㄛˊ

77 羊ㄧㄤˊ駝ㄊㄨㄛˊ

78 駱ㄌㄨㄛˋ馬ㄇㄚˇ

76 扭ㄋㄧㄡˇ角ㄐㄧㄠˇ條ㄊㄧㄠˊ紋ㄨㄣˊ羚ㄌㄧㄥˊ

79 斑ㄅㄢ哥ㄍㄜ條ㄊㄧㄠˊ紋ㄨㄣˊ羚ㄌㄧㄥˊ
寶ㄅㄠˇ寶ㄅㄠˇ

80 彎ㄨㄢ角ㄐㄧㄠˇ劍ㄐㄧㄢˋ羚ㄌㄧㄥˊ

81 牛ㄋㄧㄡˊ羚ㄌㄧㄥˊ

82 東ㄉㄨㄥ非ㄈㄟ劍ㄐㄧㄢˋ羚ㄌㄧㄥˊ

83 美ㄇㄟˇ洲ㄓㄡ野ㄧㄝˇ牛ㄋㄧㄡˊ

84 臆羚

85 黑馬羚

86 葛氏瞪羚

87 湯氏瞪羚

88 日本長鬃山羊

23

89 瘤ㄌㄧㄡˊ牛ㄋㄧㄡˊ

90 羚ㄌㄧㄥˊ牛ㄋㄧㄡˊ

91 氂ㄇㄠˊ牛ㄋㄧㄡˊ

92 亞ㄚ洲ㄓㄡ水ㄕㄨㄟ牛ㄋㄧㄡ

93 麝ㄕㄜ牛ㄋㄧㄡ

94 澤ㄗㄜ西ㄒㄧ牛ㄋㄧㄡ

黑ㄏㄟ毛ㄇㄠ和ㄏㄜ牛ㄋㄧㄡ

96 荷ㄏㄜ斯ㄙ登ㄉㄥ乳ㄖㄨ牛ㄋㄧㄡ寶ㄅㄠ寶ㄅㄠ

97 荷ㄏㄜ斯ㄙ登ㄉㄥ乳ㄖㄨ牛ㄋㄧㄡ

98 鬣ㄌㄧㄝ羊ㄧㄤ

99 摩ㄇㄜ弗ㄈㄨ倫ㄌㄨㄣ羊ㄧㄤ

100 薩ㄙㄚ福ㄈㄨ克ㄎㄜ綿ㄇㄧㄢ羊ㄧㄤ

101 白ㄅㄞ大ㄉㄚ角ㄐㄧㄠ羊ㄧㄤ

02 撒ㄙㄚ能ㄋㄥˊ山ㄕㄢ羊ㄧㄤˊ

103 長ㄔㄤˊ耳ㄦˇ山ㄕㄢ羊ㄧㄤˊ

104 努ㄋㄨˇ比ㄅㄧˇ亞ㄧㄚˋ山ㄕㄢ羊ㄧㄤˊ

105 考ㄎㄠˇ力ㄌㄧˋ代ㄉㄞˋ綿ㄇㄧㄢˊ羊ㄧㄤˊ

106 安ㄢ哥ㄍㄜ拉ㄌㄚ山ㄕㄢ羊ㄧㄤˊ

草ㄘㄠˇ食ㄕˊ性ㄒㄧㄥˋ動ㄉㄨㄥˋ物ㄨˋ

109 草ㄘㄠˇ原ㄩㄢˊ鹿ㄌㄨˋ

107 加ㄐㄧㄚ拿ㄋㄚˊ大ㄉㄚˋ馬ㄇㄚˇ鹿ㄌㄨˋ

110 馴ㄒㄩㄣˊ鹿ㄌㄨˋ

108 蝦ㄒㄧㄚ夷ㄧˊ鹿ㄌㄨˋ

111 駝ㄊㄨㄛˊ鹿ㄌㄨˋ

28

112 白尾鹿

113 梅花鹿 冬毛

114 梅花鹿 夏毛

115 斑鹿

116 袋ㄉㄞˋ熊ㄒㄩㄥˊ

119 鴨ㄧㄚ嘴ㄗㄨㄟˇ獸ㄕㄡˋ

117 袋ㄉㄞˋ獾ㄏㄨㄢ

120 無ㄨˊ尾ㄨㄟˇ熊ㄒㄩㄥˊ

118 帚ㄓㄡˇ尾ㄨㄟˇ袋ㄉㄞˋ貂ㄉㄧㄠ

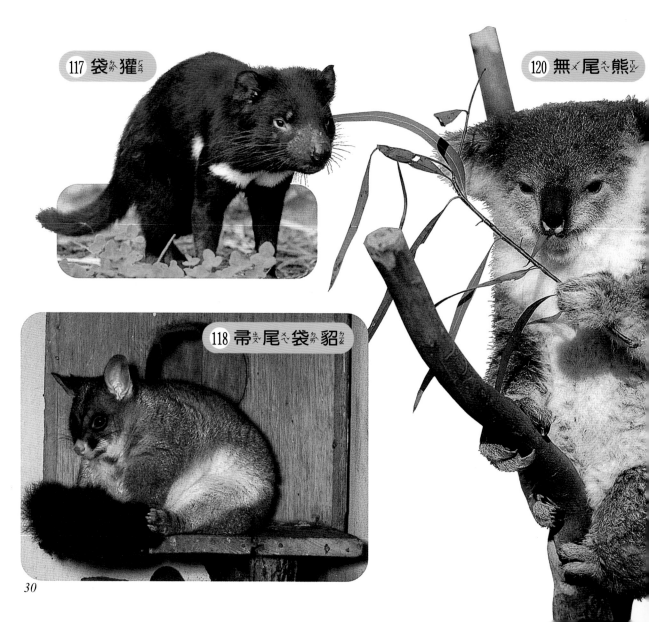

121 樹ㄕㄨ袋ㄉㄞ鼠ㄕㄨ

122 尤ㄧㄡ金ㄐㄧㄣ袋ㄉㄞ鼠ㄕㄨ

123 紅ㄏㄨㄥ袋ㄉㄞ鼠ㄕㄨ

124 灰ㄏㄨㄟ袋ㄉㄞ鼠ㄕㄨ

125 紅ㄏㄨㄥˊ毛ㄇㄠˊ猩ㄒㄧㄥ猩ㄒㄧㄥ

126 西ㄒㄧ部ㄅㄨˋ低ㄉㄧ地ㄉㄧˋ
大ㄉㄚˋ猩ㄒㄧㄥ猩ㄒㄧㄥ

127 山ㄕㄢ地ㄉㄧˋ大ㄉㄚˋ猩ㄒㄧㄥ猩ㄒㄧㄥ

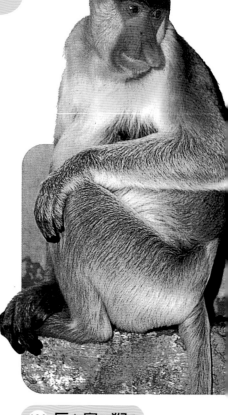

128 長ㄔㄤˊ鼻ㄅㄧˊ猴ㄏㄡˊ

129 紅ㄥˊ毛ㄇㄠˊ猩ㄒㄧㄥ猩ㄒㄧㄥ寶ㄅㄠˇ寶ㄅㄠˇ

132 日ㄖˋ本ㄅㄣˇ獼ㄇㄧˊ猴ㄏㄡˊ

130 阿ㄚ拉ㄌㄚ伯ㄅㄛˊ狒ㄈㄟˋ狒ㄈㄟˋ雌ㄘ性ㄒㄧㄥˋ

131 恆ㄏㄥˊ河ㄏㄜˊ獼ㄇㄧˊ猴ㄏㄡˊ

133 黑ㄏㄟ猩ㄒㄧㄥ猩ㄒㄧㄥ

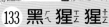

134 金獅狨

135 棉頭絹猴

136 松鼠猴

137 菲律賓眼鏡猴

138 環尾狐猴

139 倭狨

140 蜘䗎蛛䗎猴ㄏㄡˊ

141 金ㄐㄧㄣ 絲ㄙ 猴ㄏㄡˊ

142 長ㄔㄤˊ 臂ㄅㄧˋ 猿ㄩㄢˊ

143 懶ㄌㄢˇ 猴ㄏㄡˊ

144 彩ㄘㄞˇ面ㄇㄧㄢˋ山ㄕㄢ 魁ㄎㄨㄟˊ

145 食ㄕˊ 蟹ㄒㄧㄝˋ 獼ㄇㄧˊ 猴ㄏㄡˊ

146 小家鼠

147 玄鼠

148 日本睡鼠

149 黃金鼠

150 河狸

151 豚鼠

152 天竺鼠

153 豪豬

154 長耳刺蝟

155 印度狐蝠

156 鼴鼠

157 日本松鼠

158 絨鼠

159 蝦夷松鼠

160 花栗鼠

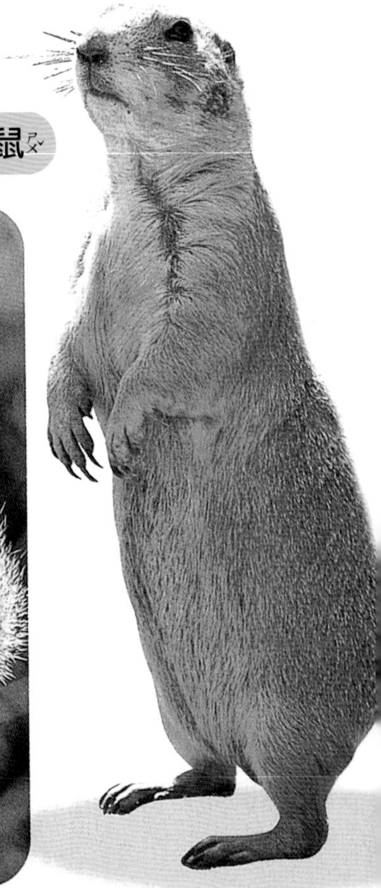

161 草原犬鼠

162 灰松鼠

163 花白旱獺

164 日ㄖˋ本ㄅㄣˇ小ㄒㄧㄠˇ鼯ㄨ鼠ㄕㄨˇ

165 白ㄅㄞˊ頰ㄐㄧㄚˊ鼯ㄨ鼠ㄕㄨˇ

166 道ㄉㄠˋ奇ㄑㄧˊ兔ㄊㄨˋ

167 鼠ㄕㄨˇ兔ㄊㄨˋ

168 安ㄢ哥ㄍㄜ拉ㄌㄚ兔ㄊㄨˋ

169 蝦ㄒㄧㄚ夷ㄧˊ雪ㄒㄩㄝˇ兔ㄊㄨˋ

170 豎ㄕㄨˋ琴ㄑㄧㄣˊ海ㄏㄞˇ豹ㄅㄠˋ

173 澳ㄠˋ洲ㄓㄡ海ㄏㄞˇ獅

171 豎ㄕㄨˋ琴ㄑㄧㄣˊ海ㄏㄞˇ豹ㄅㄠˋ寶ㄅㄠˇ寶ㄅㄠˇ

174 新ㄒㄧㄣ澳ㄠˋ毛ㄇㄠˊ皮ㄆㄧˊ海ㄏㄞˇ獅ㄕ

172 北ㄅㄟˇ海ㄏㄞˇ獅ㄕ

175 海ㄏㄞˇ象ㄒㄧㄤˋ

176 海ㄏㄞˇ獺ㄊㄚˇ

177 儒ㄖㄨˊ艮ㄍㄣˋ

178 黑ㄏㄟ白ㄅㄞˊ海ㄏㄞˇ豚ㄊㄨㄣˊ

180 短ㄉㄨㄢˇ吻ㄨㄣˇ真ㄓㄣ海ㄏㄞˇ豚ㄊㄨㄣˊ

179 虎ㄏㄨˇ鯨ㄐㄧㄥ

177 178 179 照片提供：日本鳥羽水族館

181 綠ㄌㄩˋ鬣ㄌㄧㄝˋ蜥ㄒㄧ

182 斗ㄉㄡˇ篷ㄆㄥˊ蜥ㄒㄧ

183 變ㄅㄧㄢˋ色ㄙㄜˋ龍ㄌㄨㄥˊ

185 雙ㄕㄨㄤ脊ㄐㄧˇ冠ㄍㄨㄢ蜥ㄒㄧ

184 鬃ㄗㄨㄥ獅ㄕ蜥ㄒㄧ

186 松ㄙㄨㄥ果ㄍㄨㄛˇ蜥ㄒㄧ

187 彩ㄘㄞˇ虹ㄏㄨㄥˊ鬣ㄌㄧㄝˋ蜥ㄒㄧ

188 海鬣蜥

189 科摩多巨蜥

190 尼羅鱷

191 恆河鱷

192 揚子鱷

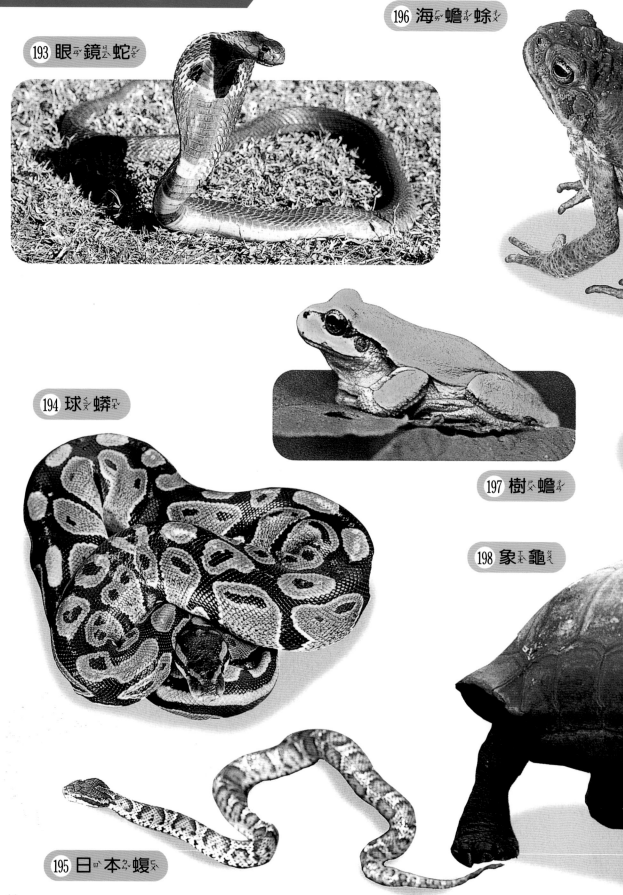

196 海ㄏㄞ蟾ㄔㄢ蜍ㄔㄨ

193 眼ㄧㄢ鏡ㄐㄧㄥ蛇ㄕㄜ

194 球ㄑㄧㄡ蟒ㄇㄤ

197 樹ㄕㄨ蟾ㄔㄢ

198 象ㄒㄧㄤ龜ㄍㄨㄟ

195 日ㄖ本ㄅㄣ蝮ㄈㄨ

199 200 201 照片提供：日本鳥羽水族館

200 綠蠵龜

199 金龜

201 中華鱉

202 紅耳龜

203 土ㄊㄨˇ耳ㄦˇ其ㄑㄧˊ安ㄢ哥ㄍㄜ拉ㄌㄚ貓ㄇㄠ

204 阿ㄚ比ㄅㄧˇ西ㄒㄧ尼ㄋㄧˊ亞ㄧㄚˋ貓ㄇㄠ

205 暹ㄒㄧㄢ羅ㄌㄨㄛˊ貓ㄇㄠ

206 緬ㄇㄧㄢˇ甸ㄉㄧㄢˋ貓ㄇㄠ

207 索ㄙㄨㄛˇ馬ㄇㄚˇ利ㄌㄧˋ貓ㄇㄠ

208 喜ㄒㄧˇ馬ㄇㄚˇ拉ㄌㄚ雅ㄧㄚˇ貓ㄇㄠ

209 俄ㄜˊ羅ㄌㄨㄛˊ斯ㄙ藍ㄌㄢˊ貓ㄇㄠ

210 日ㄖˋ本ㄅㄣˇ貓ㄇㄠ

211 蘇ㄙㄨ格ㄍㄜˊ蘭ㄌㄢˊ摺ㄓㄜ耳ㄦˇ貓ㄇㄠ

212 柯ㄎㄜ尼ㄋㄧˊ斯ㄙ捲ㄐㄩㄢˇ毛ㄇㄠˊ貓ㄇㄠ

213 波斯貓雙色

214 波斯貓三色

215 波斯貓藍色

216 波斯貓奶油色

217 金吉拉

218 埃ㄞ 及ㄐㄧˊ 貓ㄇㄠ

219 緬ㄇㄢˇ 因ㄧㄣ 貓ㄇㄠ

220 美ㄇㄟˇ 國ㄍㄨㄛˊ 短ㄉㄨㄢˇ 毛ㄇㄠˊ 貓ㄇㄠ 褐ㄏㄜˊ色ㄙㄜˋ虎ㄏㄨˇ斑ㄅㄢ

221 布ㄅㄨˋ 偶ㄡˇ 貓ㄇㄠ

222 美ㄇㄟˇ 國ㄍㄨㄛˊ 短ㄉㄨㄢˇ 毛ㄇㄠˊ 貓ㄇㄠ 銀ㄧㄣˊ色ㄙㄜˋ虎ㄏㄨˇ斑ㄅㄢ

224 大ㄉㄚˋ白ㄅㄞˊ熊ㄒㄩㄥˊ犬ㄑㄩㄢˇ

223 德ㄉㄜˊ國ㄍㄨㄛˊ牧ㄇㄨˋ羊ㄧㄤˊ犬ㄑㄩㄢˇ

225 黃ㄏㄨㄤˊ金ㄐㄧㄣ獵ㄌㄧㄝˋ犬ㄑㄩㄢˇ

226 阿ㄚ富ㄈㄨˋ汗ㄏㄢˋ獵ㄌㄧㄝˋ犬ㄑㄩㄢˇ

227 哈ㄏㄚ士ㄕˋ奇ㄑㄧˊ

228 聖ㄕㄥˋ伯ㄅㄛˊ納ㄋㄚˋ犬ㄑㄩㄢˇ

229 拳ㄑㄩㄢˊ師ㄕ犬ㄑㄩㄢˇ

51

230 秋ㄑㄧㄡ田ㄊㄧㄢˊ犬ㄑㄩㄢˇ

231 鬥ㄉㄡˋ牛ㄋㄧㄡˊ犬ㄑㄩㄢˇ

232 臘ㄌㄚˋ腸ㄔㄤˊ犬ㄑㄩㄢˇ

233 米ㄇㄧˇ格ㄍㄜˊ魯ㄌㄨˇ

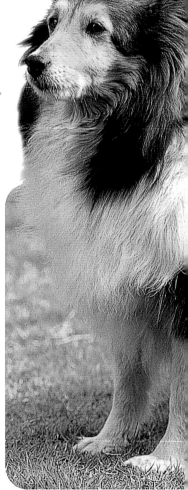

234 大麥町

236 喜樂蒂牧羊犬

235 柴犬

237 馬ㄇㄚˇ爾ㄦˇ濟ㄐㄧˋ斯ㄙ

238 貴ㄍㄨㄟˋ賓ㄅㄧㄣ犬ㄑㄩㄢˇ

239 日ㄖˋ本ㄅㄣˇ狆ㄓㄨㄥ

240 約ㄩㄝ克ㄎㄜˋ夏ㄒㄧㄚˋ㹴ㄍㄥ

241 鬆ㄙㄨㄥ獅ㄕ犬ㄑㄩㄢˇ

242 博ㄅㄛˊ美ㄇㄟˇ犬ㄑㄩㄢˇ

243 吉ㄐㄧˊ娃ㄨㄚˊ娃ㄨㄚˊ

244 可ㄎㄜˇ卡ㄎㄚˇ犬ㄑㄩㄢˇ

245 北ㄅㄟˇ京ㄐㄧㄥ犬ㄑㄩㄢˇ

246 鴯ㄦˊ鶓ㄇㄧㄠˊ

247 鴕ㄊㄨㄛˊ鳥ㄋㄧㄠˇ

248 美ㄇㄟˇ洲ㄓㄡ小ㄒㄧㄠˇ鴕ㄊㄨㄛˊ

249 孔ㄎㄨㄥˇ雀ㄑㄩㄝˋ 開ㄎㄞ屏ㄆㄧㄥˊ時ㄕˊ

250 孔ㄎㄨㄥˇ雀ㄑㄩㄝˋ

251 跳ㄊㄧㄠˋ岩ㄧㄢˊ企ㄑㄧˋ鵝ㄜˊ

252 國ㄍㄨㄛˊ王ㄨㄤˊ企ㄑㄧˋ鵝ㄜˊ

253 洪ㄏㄨㄥˊ氏ㄕˋ環ㄏㄨㄢˊ企ㄑㄧˋ鵝ㄜˊ

254 綠ㄌㄩ頭ㄊㄡ鴨ㄧㄚ

255 花ㄏㄨㄚ嘴ㄗㄨㄟ鴨ㄧㄚ

256 蛇ㄕㄜ鷲ㄐㄧㄡ

257 紅ㄏㄨㄥ鶴ㄏㄜ

258 丹ㄉㄢ頂ㄉㄧㄥ鶴ㄏㄜ

259 鴛鴦 ㄩㄢ ㄧㄤ

260 天鵝 ㄊㄧㄢ ㄜˊ

261 黑天鵝 ㄏㄟ ㄊㄧㄢ ㄜˊ

262 東方白鸛 ㄉㄨㄥ ㄈㄤ ㄅㄞˊ ㄍㄨㄢˋ

263 鵜鶘 ㄊㄧˊ ㄏㄨˊ

鳥類大集合

264 綠翅紅金剛鸚鵡

265 家鴨

266 葵花鳳頭鸚鵡

267 小雞

268 家雞

60

㊈ 黃ㄏㄨㄤˊ 腹ㄈㄨˋ 藍ㄌㄢˊ 琉ㄌㄧㄡˊ 璃ㄌㄧˊ
金ㄐㄧㄣ 剛ㄍㄤ 鸚ㄧㄥ 鵡ㄨˇ

270 雷ㄌㄟˊ 鳥ㄋㄧㄠˇ 冬ㄉㄨㄥ 羽ㄩˇ

271 雷ㄌㄟˊ 鳥ㄋㄧㄠˇ 夏ㄒㄧㄚˋ 羽ㄩˇ

272 文ㄨㄣˊ 鳥ㄋㄧㄠˇ

273 十ㄕˊ 姊ㄐㄧㄝˇ 妹ㄇㄟˋ

金ㄐㄧㄣ 絲ㄙ 雀ㄑㄩㄝˋ

275 虎ㄏㄨˇ 皮ㄆㄧˊ 鸚ㄧㄥ 鵡ㄨˇ

61

魚類大集合

276 赤魟

279 真烏賊

277 真鯛

278 刺河魨

280 相模鰕虎魚

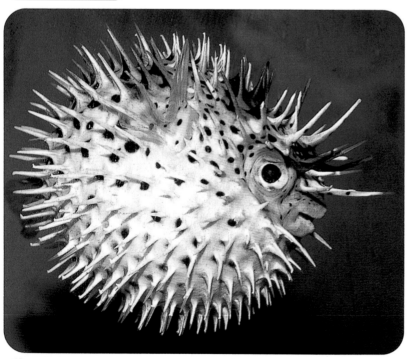

281 橫濱擬鰈

282 真蛸

286 翻車魨

283 鮭魚

284 豹紋多紀魨

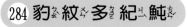

287 黃帶擬鰺

285 杜氏鰤

288 鯊魚

魚類大集合

289 高身鯽

290 鯽

291 三色凸眼金魚

292 黃鑷口魚

293 藍刻齒雀鯛

294 管口魚

295 海馬

64 292 293 294 295 296 297 298 299 照片提供：日本鳥羽水族館

296 白條雙鋸魚

297 花斑擬鱗魨

298 擬刺尾鯛

300 霓虹脂鯉

299 食人魚

動ㄨㄥˋ 動ㄨㄥˋ 腦ㄋㄠˋ　動ㄨㄥˋ 物ㄨˋ 小ㄒㄧㄠˇ 猜ㄘㄞ 謎ㄇㄧˊ

1. 跑ㄆㄠˇ 得ㄉㄜ˙ 最ㄗㄨㄟˋ 快ㄎㄨㄞˋ 的ㄉㄜ˙ 動ㄨㄥˋ 物ㄨˋ
   是ㄕˋ 什ㄕㄣˊ 麼ㄇㄜ˙ 呢ㄋㄜ˙？

2. 動ㄨㄥˋ 物ㄨˋ 背ㄅㄟˋ 影ㄧㄥˇ 排ㄆㄞˊ 排ㄆㄞˊ 站ㄓㄢˋ！　想ㄒㄧㄤˇ 一ㄧ 想ㄒㄧㄤˇ，　這ㄓㄜˋ 些ㄒㄧㄝ 是ㄕˋ 什ㄕㄣˊ 麼ㄇㄜ˙ 動ㄨㄥˋ 物ㄨˋ 呢ㄋㄜ˙？

  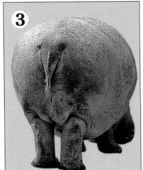  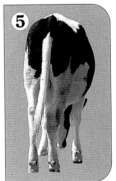

3. 不ㄅㄨˋ 能ㄋㄥˊ 在ㄗㄞˋ 天ㄊㄧㄢ 上ㄕㄤˋ 飛ㄈㄟ，　卻ㄑㄩㄝˋ 能ㄋㄥˊ
   夠ㄍㄡˋ 在ㄗㄞˋ 水ㄕㄨㄟˇ 裡ㄌㄧˇ 游ㄧㄡˊ 泳ㄩㄥˇ 的ㄉㄜ˙ 鳥ㄋㄧㄠˇ 類ㄌㄟˋ
   是ㄕˋ 什ㄕㄣˊ 麼ㄇㄜ˙ 呢ㄋㄜ˙？

4. 牠ㄊㄚ 不ㄅㄨˋ 會ㄏㄨㄟˋ 飛ㄈㄟ，　是ㄕˋ 陸ㄌㄨˋ 地ㄉㄧˋ 上ㄕㄤˋ
   最ㄗㄨㄟˋ 大ㄉㄚˋ 的ㄉㄜ˙ 鳥ㄋㄧㄠˇ 類ㄌㄟˋ，　是ㄕˋ 叫ㄐㄧㄠˋ 什ㄕㄣˊ
   麼ㄇㄜ˙ 呢ㄋㄜ˙？

5. 哪ㄋㄚˇ 一ㄧ 個ㄍㄜˋ 是ㄕˋ 大ㄉㄚˋ 象ㄒㄧㄤˋ 的ㄉㄜ˙ 鼻ㄅㄧˊ 子ㄗ˙ 呢ㄋㄜ˙？

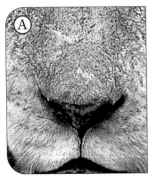 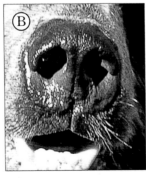 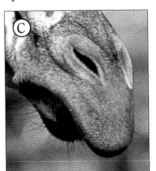 

解謎：1.獵豹　2.①長頸鹿　②斑馬　③河馬　④大象　⑤乳牛　3.企鵝　4.鴕鳥　5.Ⓓ